खाली जगहों में सही संख्या को भरें।

1

3 5

7

10

4, 2,
8, 6, 9

19, 17, 11
15, 14

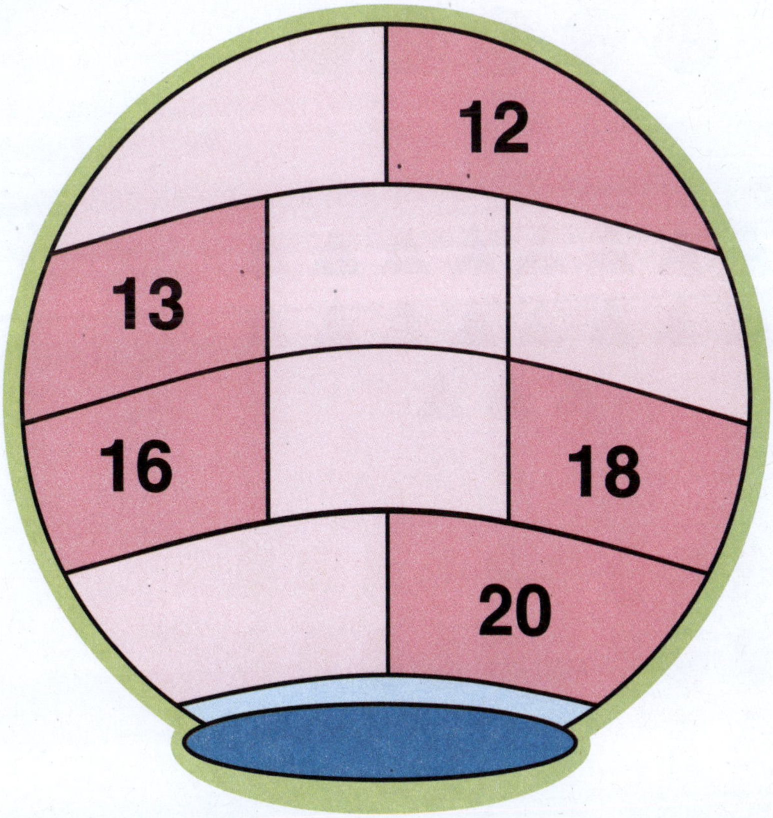

12

13

16 18

20

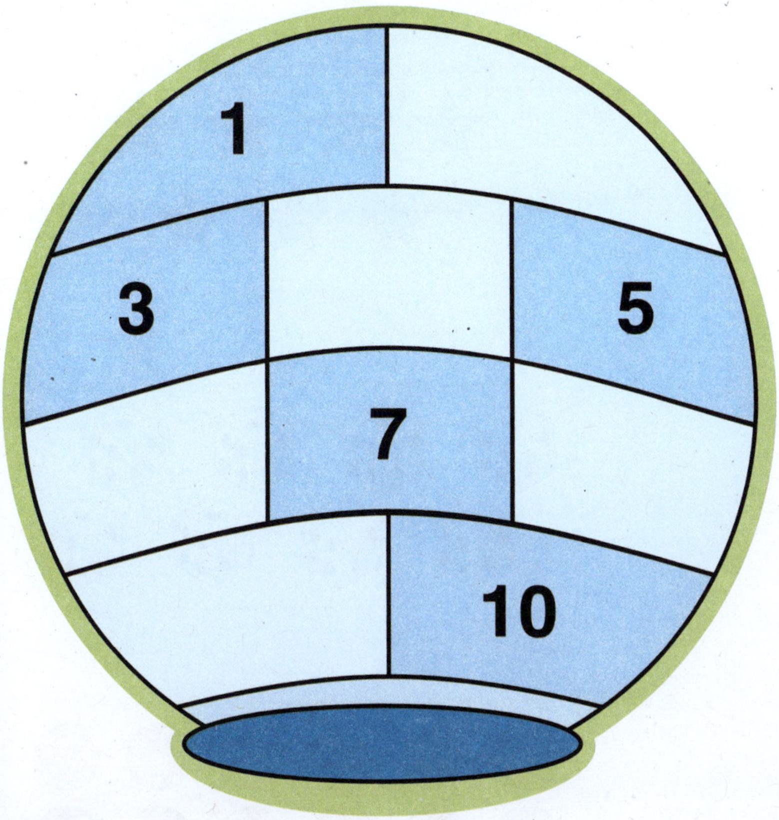

ग्रुप में बड़े नंबर पर गोला बनाएँ।

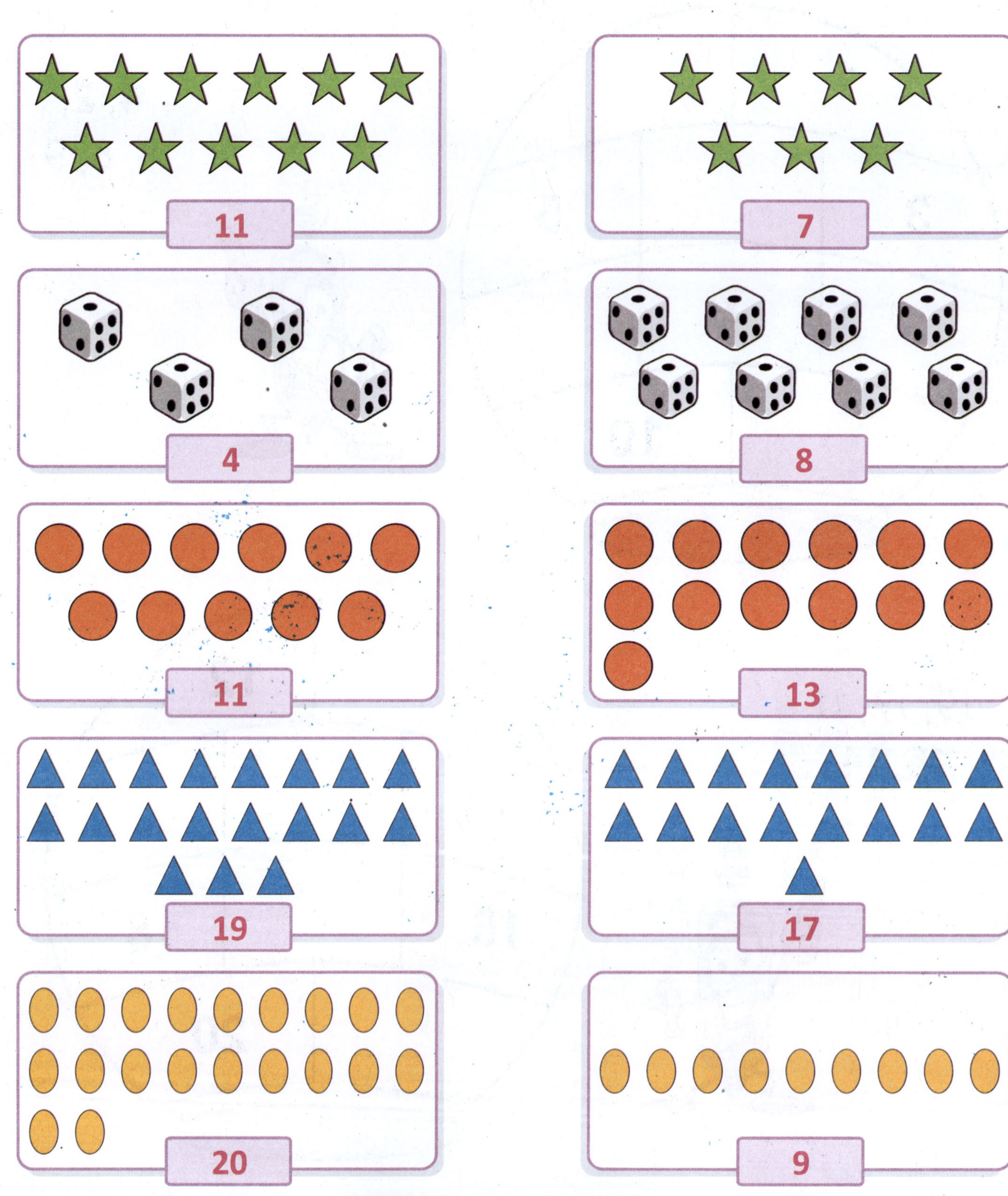

11	7
4	8
11	13
19	17
20	9

खाली खानों में कम या ज्यादा लिखें।

पहले आने वाले नंबर लिखें।

6	7
	8
	10
	14
	20

बाद में आने वाले नंबर लिखें।

4	5
5	
11	
14	
18	

बीच में आने वाले नंबर लिखें।

3	4	5
6		8
9		11
14		16
18		20

नंबरों को गिनिए और लिखिए।

1 से 50 तक बिन्दुओं को जोड़ें और रंग भरें।

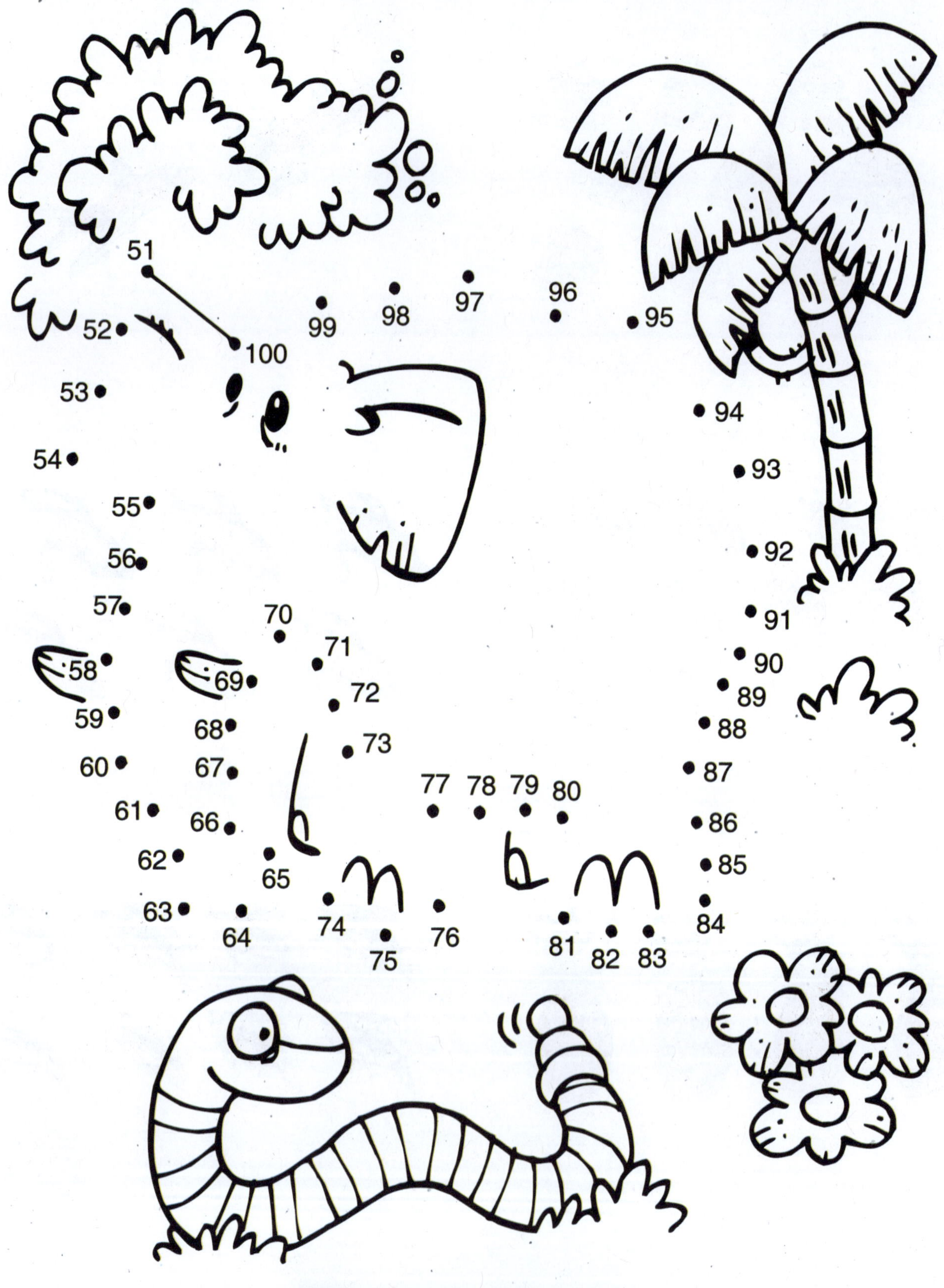

निम्नलिखित संख्याओं को फिर से बढ़ते क्रम में लिखें।

उदाहरणः

	129,	192,	343,	291,	219
	129,	192,	219,	291,	343
1.	234,	143,	769,	396,	482
2.	372,	243,	198,	327,	342
3.	627,	276,	381,	729,	563
4.	819,	919,	189,	981,	729
5.	202,	808,	707,	505,	101

See!
How I am
Increasing

निम्नलिखित संख्याओं को फिर से घटते क्रम में लिखें।

उदाहरणः

200, 100, 300, 700, 400

700	400	300	200	100

1. 194, 791, 971, 917, 719

2. 111, 444, 222, 777, 333

तुम्हारे लगातार लिखने से मैं छोटी होती जाती हूँ

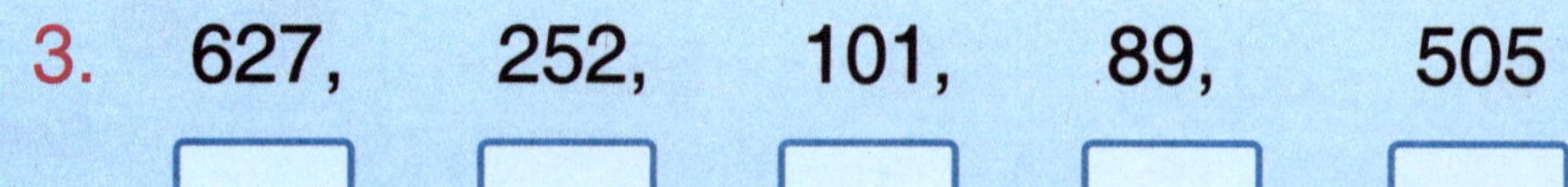

3. 627, 252, 101, 89, 505

4. 369, 693, 437, 734, 371

5. 872, 782, 287, 278, 827

कॉलम में जोड़ें।

उदाहरण:

	1 2
+	2 4
	3 6

	2 2
+	3 1

	3 5
+	4 2

	4 1
+	5 6

	6 1
+	2 3

	5 8
+	2 0

निम्नलिखित को जोड़ें।

27 + 21 = 48

1. 53 + 24 = ☐
2. 27 + 32 = ☐
3. 41 + 23 = ☐
4. 15 + 42 = ☐
5. 62 + 35 = ☐
6. 66 + 22 = ☐
7. 85 + 11 = ☐
8. 35 + 34 = ☐
9. 63 + 21 = ☐
10. 41 + 36 = ☐

नंबर पैटर्न

गुब्बारों में दिए गए नंबरों को देखकर खाली गुब्बारों में नंबर लिखें।

प्रत्येक मुद्रा नोट का मूल्य लिखें।

मुद्रा को जोड़ें।

 +  +  +  = 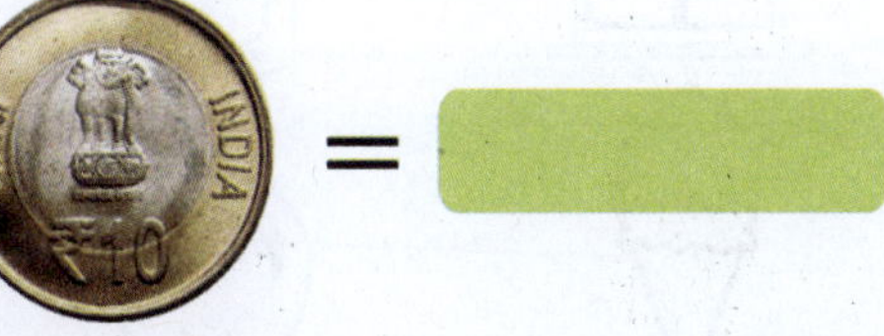

 +  +  = 

 + 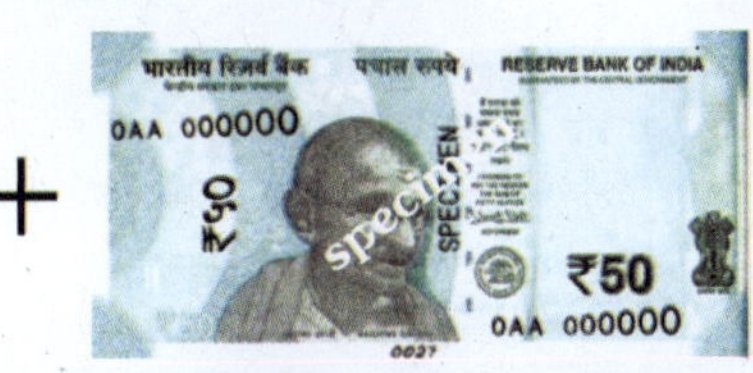 +  = 

निम्नलिखित को मिलाएँ।

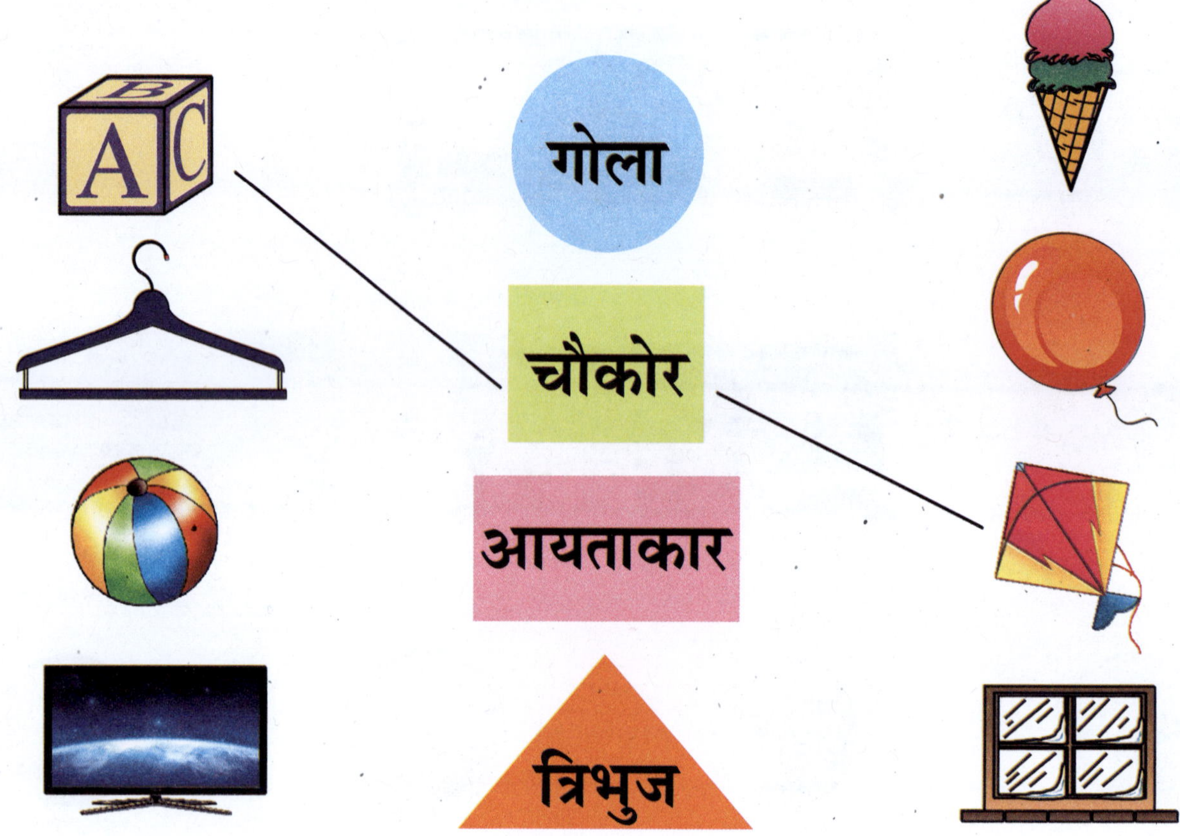

आकृति और रंग को रेखा खींच कर मिलाएँ।

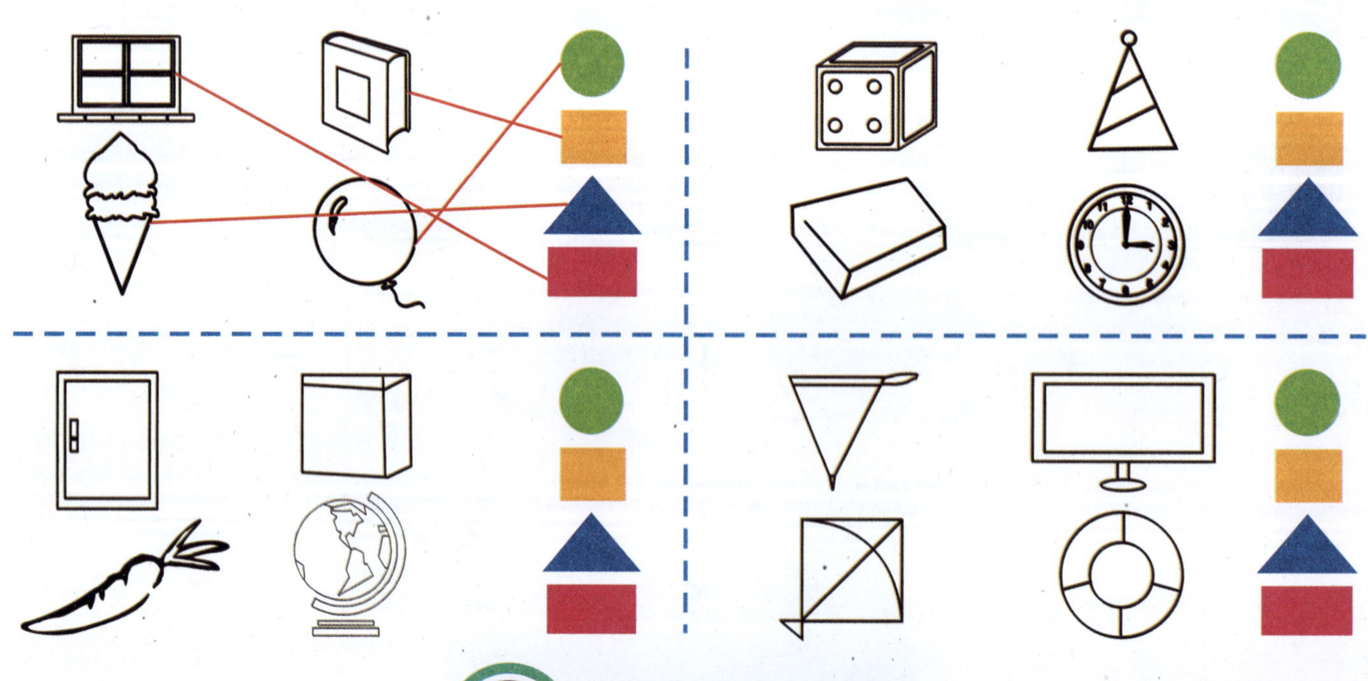

लाइन खींच कर जोड़ें।

8 |||||||| + 7 ||||||| = 1 5	5 + 7	8 + 5	6 + 7
6 + 8	4 + 9	5 + 5	5 + 6
3 + 7	6 + 6	9 + 7	0 + 7
9 + 8	0 + 8	5 + 4	7 + 9
7 + 3	5 + 8	7 + 6	4 + 0

घटा करके ठीक नंबर पर (✓) करें।

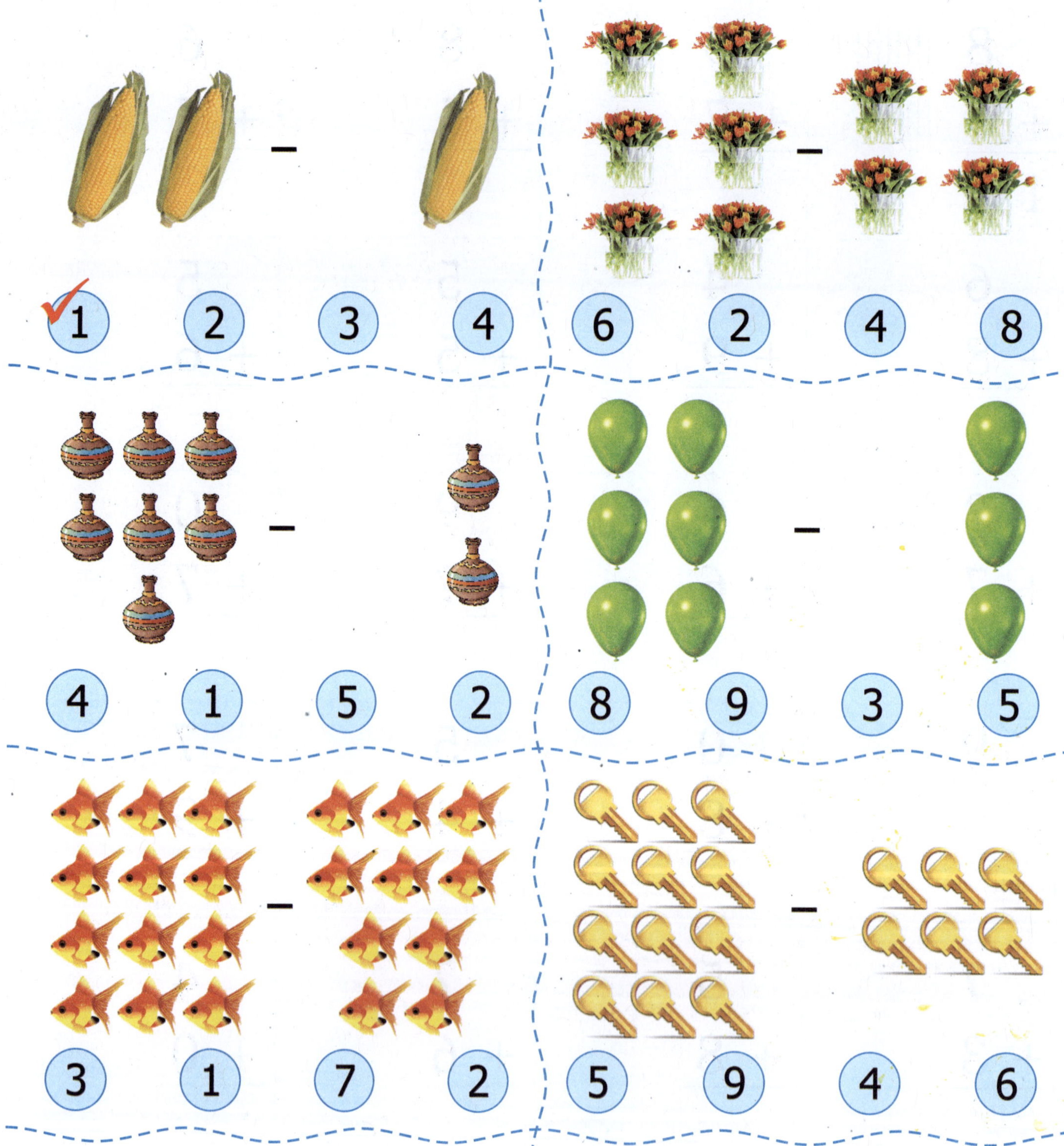

गुणा करें।

9 × 3 = ____

2 × 3 = ____

4 × 4 = ____

3 × 2 = ____

6 × 3 = ____

8 × 2 = ____

3 × 3 = ____

5 × 2 = ____

2 × 4 = ____

2 × 5 = ____

6 × 5 = ____

3 × 4 = ____

5 × 5 = ____

5 × 4 = ____

2 × 3 = ____

7 × 4 = ____

5 × 3 = ____

4 × 0 = ____

8 × 2 = ____

9 × 5 = ____

5 × 5 = ____

8 × 0 = ____

6 × 3 = ____

4 × 1 = ____

6 × 1 = ____

7 × 2 = ____

9 × 4 = ____

6 × 3 = ____

9 × 2 = ____

8 × 3 = ____

खाली जगहों में सही संख्या को भरें।

_______ बजे

_______ बजे

_______ बजे

_______ बजे

_______ बजे

_______ बजे

खाली जगहों में सही संख्या को भरें।

1 : 00

2 : 00